DE L'EXPLOITATION
DES CARRIÈRES,
CONSIDÉRÉE
SOUS LE RAPPORT
DE
LA SÛRETÉ PUBLIQUE,

Par A. D. J. B. CHALLAN,

Membre du Tribunat, de la Société d'agriculture du département de Seine et Oise, et de celle des Sciences, Lettres et Arts, de Paris.

———

A VERSAILLES,

Chez JACOB, Imprimeur de la Société libre d'Agriculture de Seine et Oise.

———

AN 9.

34268

Ce travail dont l'extrait a été lu à la Séance publique de la Société des Sciences, Lettres et Arts, de Paris; était destiné à servir de base à un Rapport dont l'auteur fut chargé au Conseil des 500.

L'importance de l'objet et le vœu exprimé au Ministre de l'Intérieur, par le Conseil général du département de Seine et Oise, pour sa publicité, lui ont fait un devoir de satisfaire à cette invitation.

DE L'EXPLOITATION

DES CARRIÈRES,

CONSIDÉRÉE

SOUS LE RAPPORT

DE

LA SÛRETÉ PUBLIQUE.

Cet essai n'est point destiné à retracer l'histoire de la formation des montagnes, ni l'altération qu'elles éprouvent par la main du tems; il a pour but, de prévenir les funestes effets qui résultent d'une main d'œuvre vitieuse et routinière trop souvent usitée dans l'exploitation des carrières.

De tous les travaux publics, il n'en est point, auxquels les connaissances de l'art et la surveillance de la police, soient plus essentiels.

Les ouvrages ordinaires sont soumis à l'inspection de quiconque veut en prendre la peine, de sorte que chacun peut avertir des vices de construction, et l'intérêt particulier veille pour le salut de tous.

Dans l'exploitation des carrières, au contraire, l'ouvrier est éloigné des observations qui pourraient suppléer à son imprévoyance; et comme son bénéfice

consiste à augmenter l'extraction , l'envie de l'accroître met sans cesse sa cupidité en opposition ,
avec la sûreté publique et même sa sûreté person-
nelle.

Ces réflexions sur les exploitations souterraines ne
s'étendront cependant point à tous les genres ; il est
sans-doute des précautions qui leur sont communes ,
mais les exceptions nombreuses qui dérivent des
localités et de la nature des matières , exigent qu'on
ne les confondent pas ; ainsi , chaque mine doit
être l'objet d'un examen comme d'un réglement particulier (1). Il ne sera donc question dans ce mémoire , que de l'extraction des pierres à bâtir , à
chaux , à plâtre , craies , glaises , argiles et sables (2).

---

(1) On peut consulter le recueil imprimé chez *Prault*,
en 1786. D'ailleurs les produits de celles qui renferment des
matières métalliques, ou des charbons fossiles , engagent à
des dépenses dont on ne serait pas indemnisé, si l'on se
livrait aux mêmes avances dans les carrières ordinaires.

(2) On ne s'occupera pas des carrières d'ardoise, parce
qu'elles sont moins nombreuses , et que leur coupe exige
une police et des précautions spéciales. On ne cite pas non
plus la pierre meulière; elle est ou de roche , et en ce cas
elle s'exploite comme les autres pierres, ou disséminée en
morceaux détachés à peu de profondeur, et alors sa fouille
est encore semblable à toute autre. Quant aux marbres, ils
sont désignés sous le nom générique de pierre calcaire, et
ils se trouvent comme les pierres communes par couches
et par masses.

On peut considérer l'exploitation de ces matières sous un même point de vue :

1º. Parce qu'il y a analogie dans la manière de les extraire ;

2º. Parce qu'étant plus généralement répandues, les mains les moins exercées peuvent les atteindre (1) ;

3º. Et enfin parce que leur consommation étant très-considérable, sur-tout près des grandes cités, la surveillance en est plus difficile et plus important e (2).

Malgré cette similitude de rapports il est quelquefois des différences dans la position relative des mêmes matières qui obligent de modifier les règles générales (3). C'est pourquoi avant que de proposer des mesures, il n'est pas inutile de prouver la nécessité

---

(1) L'habitant des campagnes profite de son loisir pour tirer la pierre de son champ, qu'il employe pour lui, ou qu'il vend aux Entrepreneurs; il expose sa vie et celle de sa famille, mais il a besoin et il oublie le danger.

(2) C'est cependant où s'est arrêté la législation des mines et minières.

(3) Voilà pourquoi il faut établir une surveillance locale qui conserve la tradition de l'expérience, et dont les agens ayent une certaine latitude de pouvoirs; car il est presque impossible de prévoir l'effet des anciennes fouilles qui ont été négligées. C'est faute de cette surveillance locale, que l'on n'a pu étendre, à tous les lieux, les réglemens établis pour la banlieue de Paris; et faute de cette extension, leur effet a même été atténué dans cet arrondissement, si l'on

des unes , et d'indiquer la nature des autres , par
le tableau des risques que courent non-seulement les
citoyens qui se livrent au travail des carrières , mais
encore ceux qui passent ou habitent avec sécurité ,
dans leur voisinage.

Le danger provient des anciennes fouilles ou des
nouvelles.

Les anciennes sont plus nombreuses qu'on ne le
croit ; la plûpart des communes , sur-tout celles dont
l'enceinte a été successivement aggrandi , renferment
un grand nombre d'édifices construits sur un sol excavé : ces excavations communiquent quelquefois , et
s'étendent au loin , sous les champs cultivés , les
routes , les forêts ; et quoique l'encombrement de
leur ouverture les ait fait oublier , les gouffres
sont restés , et peuvent engloutir les monumens , les
maisons , les voyageurs , les récoltes , et le culti-
vateur qui les sème ou qui les moissonne (1).

On accuse quelquefois le fatalisme , de cet effet
horrible des fouilles remontant à la plus haute anti-
quité (2). Mais attribuer au hazard , et s'exposer

---

en excepte quelques carrières dirigées plus particulièrement
par le citoyen *Guillaumot,* ainsi c'est à l'artiste plus qu'à
la règle que l'on doit de la reconnaissance.

(1) On est dispensé sans doute de citer des exemples
malheureusement trop fréquens.

(2) *Bernard* de Pallissy, dit qu'en 1575 il alla près
d'une lieue dans les carrières du faubourg Saint-Marcel.

avec sécurité à la chûte de celles dont on connaît la position , c'est le comble du délire. Cependant l'habitude que l'on a de les voir , familiarise avec le péril ; on se félicite d'un voisinage que l'on tourne à son profit en y établissant des caves , des magasins , des écuries et même des logemens ; desquels on jouit comme si c'était un bienfait de la nature, tandis que ce sont les restes d'un travail imparfait , délaissé à cause de la défectuosité des matériaux , ou du danger qu'il y aurait eu de les extraire. On s'aveugle à un tel point que lorsque quelque portion se détache et semble un avant coureur du péril , on dédaigne l'avertissement et on s'empresse de balayer les décombres afin de dissimuler le mal (1) ; il accroit alors par la désunion des parties les plus ténues qui gravitent et suivent la direction que leur donne une lente et destructrice filtration.

La surface , il est vrai , n'éprouve point encore d'atteinte apparente ; le mal ne se manifeste à l'extérieur que lorsqu'il n'y a plus de remède , et après que la soustraction des matières inférieures a opéré dans le ciel de la carrière , un vide ordinairement de forme conique , que les ouvriers appellent cloche. C'est au moment où son sommet approche de la terre végétale , que le moindre effort , le moindre poids rompt l'équilibre : et sur-le-champ les masses supérieures et latérales se précipitent vers le point le moins résistant , et il s'ouvre un vaste fontis ou entonnoir qui représente la cloche en sens inverse , et offre à l'extérieur

(1) Et le cacher à la police.

une ouverture du même diamètre que celui qu'elle avait à sa bâse avant l'éboulement (1).

Tout ce qui est compris dans ce cercle funeste est englouti , souvent de manière à ce que toutes recherches deviennent impossibles , ou au moins énormément coûteuses ; parce que les corps précipités glissent sur un noyau qui de toutes parts présente un plan incliné , lequel au moment de la chute est recouvert et refoulé par des portions de masse dont la multiplicité et la vîtesse ôtent tout moyen de juger dequel côté ils ont pris leur direction ; et que d'ailleurs la mobilité des matières expose à de nouveaux dangers ceux qui tenteraient de fouiller dans le même lieu (2).

Si l'on a bien compris cet effet , et que l'on considère ensuite qu'il peut se répéter , non-seulement sur plusieurs points , mais encore à des profondeurs différentes (3) , l'on ne doutera pas que

(1) Voilà pourquoi il faut conserver avec soin le ciel des carrières en matière solide, pour qu'il puisse porter les couches supérieures, plus tendres, et notamment la terre végétale.

(2) On pourrait citer plus d'un exemple de pareils événemens, dans lesquels la partialité ou l'ignorance des agens secondaires, ont occasionné des dépenses ruineuses à des familles, cédant au desir de retirer de la terre les malheureux qui y étaient engloutis, quoique sans espoir de les rappeller à la vie.

(3) Souvent les excavations sont à plusieurs étages ,

(9)

le danger auquel expose l'approche des carrières abandonnées, ne provienne du peu de soin que l'on a apporté à la première exploitation.

Pour s'en convaincre s'il est possible d'avantage, il faut en examiner les procédés.

Quelque soit l'objet à extraire des entrailles de la terre, cette opération ne peut se faire que de trois manières :

En déblayant la superficie ;

En creusant des puits qui conduisent au centre de la masse, dans laquelle se forment des galeries, à mesure que l'on enlève la matière ;

En pratiquant des ouvertures, soit au pied, soit au flanc de la montagne dans le sein de laquelle on pénètre, par des routes plus ou moins larges.

Dans le premier cas, si l'on ne réserve pas des talus proportionnels à la profondeur des fouilles et à la tenacité des matières ; si l'on n'éloigne pas assez la tête dés tranchées, pour qu'aucun déchirement ne puisse nuir ni aux propriétés voisines, ni aux chemins qui y conduisent (1) ; si même on ne les

---

soit parce que les exploitans fouillent l'un sous l'autre, et opèrent des vides sans égard au plein supérieur, et mettent ainsi le sol en porte-à-faux. C'est ce que l'on observe plus particulièrement dans les lieux où la craie est commune, parce que la facilité de la main d'œuvre dans une matière aussi tendre, permet à tout le monde de l'entreprendre.

(1) On sait que l'angle de 45 dégrés est celui que fait la diagonale d'un quarré avec sa base, il suffit pour les

éloigne pas de ces derniers , de manière à ce que
l'effroi d'un cheval n'expose pas le cavalier à être
précipité dans l'excavation ; et tellement enfin que le
brigand ne puisse y trouver un repaire prochain ,
propre à cacher ses victimes et à leur enlever tout
espoir de secours (1) : on n'aura rien fait pour la
sûreté publique.

Hé bien ! que l'observateur étonné considère les
nombreuses fouilles qu'il rencontre ? qu'il examine si
l'on s'est occupé non pas de toutes ces précautions
mais seulement d'une partie , et il verra que presque
toutes les fouilles sont près des chemins , qu'elles
sont coupées à pic ; et pour peu qu'il approche de
leur effrayante ouverture , il sent les terres se fendre
sous ses pieds , il apperçoit une partie des gazons
supérieurs , tombés au plus bas de ces abîmes
dont l'œil mesure à peine la profondeur.

Ce mode d'exploitation par grandes surfaces et à
ciel ouvert, est pourtant celui qui présente le moins
d'inconvéniens ; celui qu'il faut employer lorsque

---

terres jectisses , c'est leur pente naturelle ; mais lorsque le
sol est solide et plein , on peut perdre moins de terrain.
D'ailleurs en déblayant par banquettes , on aura un talus moins
prolongé et moins dangereux.

(1) Ce fut ainsi que fût volé le courrier de Paris à
Rouen ; on le fit entrer avec sa voiture dans une carrière ,
dont l'ouverture donne sur la grande route entre Poissy et
Triel.

le sol n'est pas solide, ou lorsque l'on a des pierres d'un grand appareil à tirer (1); et, avec quelques précautions , on parviendra à le préserver de tous accidens même envers les ouvriers : s'il leur en arrive , ils ne pourront les imputer qu'à leur maladresse ou à leur imprudence (2).

Cependant l'énormité des déblais qui rendent incultes et le terrain où on les dépose et celui où l'on fouille , dégoûtent les carriers de ce genre d'exploitation : pour éviter la perte de la superficie , quelquefois leur seule ressource pendant la longue attente de l'extraction et de la vente , autant que pour ne pas se livrer à un long et coûteux travail, ils préfèrent l'exploitation par cavage.

Si la communication s'établit par un puits , on conçoit combien de soins il faut apporter pour se préserver du refoulement des terres et conserver les madriers qui en revêtissent les parois ; il serait plus sage sans-doute de faire ce revêtement avec de la maçonnerie posée sur un bon rouet de chêne , mais on ne suit pas toujours cette pratique parce que l'on ignore au moment de l'ouverture si l'exploi-

---

(1) Telles que celles de Saillancourt, qui ont fourni des matériaux aux ponts de Mantes , Neuilly et Paris.

(2) Le carier , le terrassier , le maçon , s'exposent très-fréquemment ; ils sapent par le pied , pour accélerer la chute, le sommet alors peut être entraîné plus rapidement qu'ils ne le croyent, et l'ouvrier se trouve écrasé.

tation sera avantageuse, puis l'on néglige de faire ce
par quoi l'on aurait dû commencer.

L'entretien des machines funiculaires, des échelles,
des roues, est encore un autre soin auquel on ne
donne pas toujours assez d'attention : les pluies,
l'humidité des vapeurs qui sortent du souterrain,
altèrent promptement les meilleures matières, et les
instrumens se brisent au moment du travail le plus
actif. C'est un bonheur alors si quelque ouvrier n'est
pas victime de cette négligence.

Une fois parvenu à la profondeur du banc et son
épaisseur entamée, les galeries se forment ; mais
comme l'issue par laquelle les matériaux peuvent être
enlevés, n'est pas d'une grande dimension, que d'ailleurs le mode d'enlèvement n'est pas d'une pratique
facile, sur-tout lorsqu'ils s'agit de solides d'un grand
volume, il s'en suit que les rues n'ont besoin de
largeur qu'autant qu'il en faut pour le passage des
brouettes, avec réserve de carrefours pour le repos
des relais. De sorte qu'il y a peu d'accidens à redouter à cause du peu de portée des plafonds,
pourvû toute fois que l'on ne fouille pas sous les
piliers, en s'enfonçant pour atteindre de nouvelles
masses. D'ailleurs, il est presque toujours possible
avec les matériaux de rebut, de faire des piliers
où il est nécessaire, et avec les déblais d'une nouvelle galerie, de remplir celles des anciennes qui
donneraient quelques inquiétudes.

Si l'on a opéré ainsi avec précaution, lorsque
les matériaux seront épuisés et les travaux cessés,

on pourra sans crainte , fermer l'ouverture du puits ;
mais il faudra que ce soit d'une manière tellement
solide , qu'aucun être vivant ne puisse s'y précipiter.

Dans les carrières dont l'ouverture communique
presque de plein-pied avec le sol , ou dans lesquelles on parvient par des rampes adoucies , si on
n'a pas à redouter les inconvéniens d'un puits de descente , l'étendue que l'on donne aux galeries , afin
qu'elles ayent la voie des voitures que l'on fait arriver
et charger à l'àtelier , ajoute au danger de la fouille.

Cette étendue quoique moindre au plafond , lorsque l'on a soin de couper en plan incliné les deux
parois latérales , n'en devient pas moins quelquefois
trop considérable : parce que cette pratique utile n'est
pas toujours observée ; qu'une charge trop-forte et
qui dépasse la largeur ordinaire , engage à faire une
échancrure qui est bientôt suivie d'une autre ; et ,
que par suite les plafonds s'élargissent , se délitent à
leur tour , l'infiltration arrive , la cloche se forme
et le fontis lui succède.

On prévient quelquefois ces accidens en cons-
truisant des voûtes et même de simples arcs ; mais
comme ces constructions sont dispendieuses , on en
fait usage le moins possible. Placées ainsi à des distances éloignées , elles ont peu de force , et leur résistance est presque nulle sur-tout lorsque l'avidité
a porté l'ouvrier à enlever le ciel solide et le dessous de pied (1) , et que par là , il a ôté toute

_____

(1) On appelle ainsi le sol inférieur de la carrière,

résistance au point d'appui : l'un et l'autre sont indispensables. Le premier doit avoir assez d'épaisseur et être d'une matière assez solide pour porter les couches supérieures , variées à l'infini , jusqu'à la terre végétale qui les couvre ; le second sert à contenir l'écartement des piliers tendant à glisser sur les sables et les glaises qui quelquefois leur servent de base , et l'on a beau substituer des décombres à la matière première, il n'y a plus de liaison, dès lors plus de résistance.

Ce n'est pas ordinairement le propriétaire qui fait cet enlèvement , c'est presque toujours la cupidité des exploitans voisins que l'on a à redouter ; ils viennent après que l'atelier a été abandonné , re- creuser la carrière déjà exploitée , et hâter votre ruine avec la leur ; car , travaillant ainsi clandesti- nement , les piliers ne correspondent plus et sont détruits successivement à mesure qu'ils se retirent.

Les notions qui précèdent , peuvent avec un peu de réflexions être appliquées à chaque genre d'ex- ploitation , encore que les matières diffèrent par leur position ou leur tenacité.

La chaux par exemple , est par couches détachées ou roulées ; le plâtre (1), par bancs superposés

_____

(1) Le plâtre est un trésor que l'on ne saurait trop mé- nager; l'usage que l'on fait de celui qui se trouve aux environs de Paris , prouve combien il est essentiel aux arts; et si l'on ignore encore jusqu'à quel dégré il pourrait être utile

horisontalement sans suivre la loi progressive de dureté et de densité qui s'observe dans les bancs calcaires ; au contraire, ils sont divisés par un nombre infini de petites fentes perpendiculaires qui les séparent en colonnes à plusieurs pans.

La craie moins compacte, farineuse, attirant ou absorbant beaucoup d'humidité, se présente aussi par masse, mais ces masses sont remplies de cailloux quelquefois rangés par bancs, quelquefois disséminés, quelquefois cependant des lits en sont tout-à-fait privés dans une très-grande étendue. La facilité qu'il y a de la couper, détermine chaque habitant à se procurer des caves : il les creuse à mesure que ses besoins augmentent ; et, comme chacun en fait autant de son côté, sans se rendre compte réciproquement de ces augmentations, il résulte un affaiblissement général. Quelquefois les eaux séjournent dans ces souterrains et y forment de vastes bassins ou simplement des fontaines (1) ; tant que les eaux sont

---

relativement à la végétation, sans doute des expériences sages nous apprendront bientôt s'il agit dans ce cas comme agent accélérateur, ou comme diviseur des terres trop fortes.

Un propriétaire de carrières à plâtre m'a assuré que ses essais ne lui avaient rien produit lorsqu'il avait enfoui le poussier, mais que, mis à la surperficie, il avait procuré plus d'herbe, et d'herbe plus fine.

(1) A la Roche-Guion, il y a un bassin de plusieurs mètres, creusé dans le sol d'un souterrain entièrement de

contenues , il n'y a aucun danger apparent ; mais si
elles divaguent , elles sont le pronostic d'un boule-
versement prochain : ainsi lorsque l'on voudra
profiter du voisinage des masses de craies , il ne
faudra pas y faire des vîdes trop étendus , il faudra
y ménager des piliers ou en construire , ainsi que
des arcs , suivant le besoin ; mais si l'on veut arracher
le silex , ou extraire le salpêtre , ou fabriquer du
blanc , il convient mieux de faire la fouille à ciel
ouvert d'autant plus que ces matières se trouvent le
plus souvent à la surface (1).

Après la craie , la matière qui en approche le
plus c'est la marne , mais elle a encore moins de
tenacité , et sa position dans la terre , est très-
différente. La craie forme comme presque toutes les
autres pierres des bancs et des chaînes de montagnes ;
la marne , plus isolée , est quelquefois placée à des
profondeurs très-éloignées de la surface , elle s'en-
fonce même jusqu'à cent pieds ; dans ce cas , elle est

---

craie. A Meulan en 1787, plusieurs fontaines qui étaient
dans quelques caves, creusées dans la craie, disparurent,
puis quelques jours après se retrouvèrent dans d'autres caves.
Et cette variation fut suivie d'éboulemens considérables.
Voyez le mémoire de l'auteur à ce sujet, journal des savans,
année 1788.

(1) C'est une erreur que de croire que le silex ne
s'éclaterait plus s'il était exposé à l'air. D'ailleurs, on peut
le convertir en pierre à fusil à mesure qu'on le tire, et le
préjugé même ne sera pas contrarié.

presque toujours placée entre des lits d'argile ; car, lorsqu'elle se trouve entre des lits de sable, elle est plus rapprochée de la superficie.

Cette différence de profondeur en met aussi dans la manière de tirer la marne ; dans le premier cas elle l'est par puits : dans le second, par une fouille ordinaire.

On emploie rarement le premier moyen, car lorsque l'on est obligé d'aller chercher cette matière à une très-grande profondeur, le prix de la main d'œuvre excède le tardif bénéfice qu'elle procure aux terres sur lesquelles on la répand pour les fertiliser.

Dans la fouille des argiles et des glaises on à à redouter la facilité que ces matières ont, en raison de leur nature savoneuse, de glisser sur les surfaces inclinées ou de couler sous la pression des poids supérieurs, ensorte que les difficultés augmentent en raison de la profondeur ; car les argiles et les glaises très-abondamment répandues dans toutes les parties du globe, ne se rencontrent pas seulement près de la surface, mais encore dans les points les plus bas où ils se trouvent par lits très-denses et très-compactes. Heureusement que ces fillons ne sont pas d'une grande étendue et ne présentent pas une grande épaisseur, ensorte que lorsque la couche est épuisée, l'affaissement du sol est presque insensible (1) ;

---

(1) Dans beaucoup d'endroits, on ne tire ces matières que dans des sacs à terre, ou dans des paniers.

néanmoins , toujours faut-il éviter de fouiller sous les édifices et sous les routes.

L'agrégation des sables (1) étant encore moindre, il. s'en suit que leur extraction offrirait plus de difficultés, si leur légèreté ne compensait leur défaut de liaison ; ensorte que les chûtes partielles ne peuvent blesser l'ouvrier , il n'a à craindre que la chûte des masses qui glissent et se détachent aisément.

Ce qui vient d'être observé sur les différentes matières , se rencontre souvent dans une seule fouille , parce que la plûpart se trouvent réunies dans une même carrière , c'est même ce rapprochement des matières hétérogènes , qui multiplie les difficultés , soit parce que les plus lourdes sont placées sur les plus légères , soit parce que quelque mouvement aura dérangé le paralélisme des couches et brisé les bancs de telle manière qu'ils n'ont plus ni ténacité ni équilibre.

Ces causes locales ne sont pas encore les seules qui entraînent la ruine des travaux ; il en est qui pour être moins apparentes , n'en sont pas moins réelles. Le cours d'un fleuve , d'une rivière ou d'un

(1) L'on ne détaillera point ici les diverses espèces de sables , que ce soit du gravier ou du sable blanc, qu'il soit argileux comme celui que les fondeurs trouvent à Fontenai-aux-Roses près Paris , ou rempli de mica comme celui que l'on met sur l'écriture, les effets sont toujours les mêmes.

ruisseau au pied d'une montagne , de grands dépôts d'eau supérieurs au lieu de la fouille , en pé-
nétrant les couches , ou en détachant par la fluc-
tuation , les élémens de la base , impriment un mouvement qui divise , renverse tout ce qui se trouve dans
sa sphère d'activité et même au-delà : quoique les eaux
supérieures , en s'engouffrant dans la profondeur des
excavations semblent s'y perdre , elles n'y sont point
oisives , leur poids fait qu'elles s'insinuent dans les
crevasses les plus petites , et la moindre oscillation
les fait agir contre les parties les plus tendres qu'elles
minent , il faut donc tâcher de les détourner à
l'extérieur et de diriger leur cours vers un point
connu.

Si ces effets ne sont pas toujours aussi rapides
ou aussi violens , c'est que quelque corps solide
leur oppose une digue assez puissante. Mais , lorsque
l'ouvrier les attaque , l'effort des coins , les coups
de masse , l'explosion des mines rompent bientôt la
résistance et déterminent la chûte.

L'art qui a trouvé tant de moyens d'enlever à la
nature les trésors qu'elle a enfoui loin de la main
des hommes , en autorisant ces pénibles et dange-
reuses recherches a contracté l'obligation de les garantir du péril : mais pour qu'il s'acquitte de ce devoir,
il faut , avant que de commencer l'exploitation d'une
carrière , que l'artiste soit consulté afin qu'il considère son aspect et ses rapports généraux ; puis ,
qu'il visite toutes les parties , s'assure de la densité
des matières , du parlalelisme ou de l'inclinaison des

couches , de leur nombre et de leur nature (1).
Qu'il calcule l'effet de l'infiltration des eaux, de l'activité des gelées ou de l'aridité de la sécheresse ; qu'il
reconnaisse enfin si l'on doit entamer la masse principale , ou si l'on doit déblayer d'abord celles qui ont
éprouvé des variations (2).

Si ces préliminaires ont donné des connaissances
suffisantes et des résultats favorables , on pourra tracer
la tranchée , percer les puits , ou ouvrir les galeries.

Si on opère par puits , on a déjà vu combien leur
revêtement est essentiel , et combien il importe qu'il
soit en pierre plutôt qu'en bois.

Si l'entrée aboutit au niveau du sol et qu'elle ne
soit point percée dans la roche , une voûte est in-
dispensable , parce que les premiers déblais auraient
trop peu de consistance pour résister à tous les
chocs et à toutes les intempéries : on la fait ordinairement en plein cintre , mais à mesure que l'on
rentre dans l'intérieur , on néglige et la forme et les
dimensions , ni l'un ni l'autre ne sont cependant in-
différens ; plus la forme approchera du demi-cercle ,
et encore mieux de l'arc ogive (3) , moins elle aura

(1) A cet effet les sondes doivent être faites dans divers
points.

(2) On verra bien que ces précautions préalables ne
sont pas rigoureusement nécessaires pour les petites fouilles
superficielles.

(3) Le plus solide de tous , attendu que sa poussée
est presque perpendiculaire.

de portée , plus elle résistera à la gravitation des masses supérieures et aux efforts des masses latérales.

Si au contraire négligeant toute précaution , le carrier fouille sans ordre , suit les bancs et les épuise sans égard pour sa sûreté ni pour celle du public , il n'y aura plus de rapport entre les parties , et une prompte ruine sera la suite de cette imprudence ; tandis qu'en dirigeant le travail avec méthode , l'on en tirerait le même fruit , et l'on diminuerait les risques : en effet , en multipliant le nombre des galeries , au lieu de les faire aussi larges , on aurait l'avantage de laisser plus de points d'appuis et de diminuer la portée des plafonds (1).

Le motif qui détermine les entrepreneurs à faire des rues très-larges , particulièrement dans les carrières à plâtre , c'est qu'on paye plus cher le *souchet* (2); et que , par cette raison , on cherche le plus possible à diminuer le nombre de ces sections , en augmentant la largeur des rues entre lesquelles on laisse volontiers une masse assez forte , dont on aurait tiré même plus de matière , si on les eut fait plus étroites, et plus rapprochées.

---

(1) Il serait bon que l'exploitation se fît tant plein que vide dans les bonnes masses, et au moins deux tiers plein contre un tiers vide dans les autres.

(2) C'est à dire la division première de la masse à exploiter d'avec les autres parties latérales et supérieures , ce qui fait comme la souche, ou le noyau du solide à enlever.

2.

Cette économie est mal entendue , et les accidens occasionnent bien plus de perte que cette parcimonie ne procure de bénéfice , puis que les constructions à faire dans les points douteux , seraient moins considérables et plus solides ; qu'il ne faudrait pas surbaisser les voûtes comme sous un large plafond ; qu'aucontraire , elles prendraient une courbure plus régulière , en faisant partir leur naissance du pied même du pilier , le vide compris entre les piliers , le plafond et le sol , représenterait alors dans sa coupe , un triangle équilatéral dont on aurait tronqué le sommet.

On peut remarquer l'avantage de cette construction , en visitant les travaux des carrières de Paris , dirigés par le citoyen *Guillaumot* , que l'on aura toujours occasion de citer utilement, où , par des encorbeillemens artistement ménagés , il a rapproché la portée des plafonds de manière à les faire résister aux efforts les plus violens.

Les piliers se conservent dans la masse où ils se construisent ; ceux que l'on réserve , lorsqu'ils ne sont pas tournés (1), sont sans-doute les meilleurs ; néanmoins l'on est si souvent obligé d'y suppléer qu'il est nécessaire d'en faire connaître la construction

---

(1) Les piliers tournés , outre leur peu de volume et leur isolement, ont l'inconvénient de laisser ignorer ce que contient le noyau , souvent composé d'élémens sans liaison ou trop tendres , ce qui les empêche de résister au moindre choc.

(1). Ces piliers sont , ou des murs parallelles derrière lesquels on refoule des décombres , ou des cubes de maçonnerie brutte , ou simplement des piliers à bras (2) dont l'usage est très-utile et très-fréquent , à cause de la diligence et de l'économie de leur construction.

On a déjà vu que dans toutes les exploitations on avait à craindre l'effet de la filtration des eaux , celui des gelées qui gonflent fortement et divisent les parties , et même l'extrème sécheresse qui , au contraire diminue le volume en faisant retraire la matière et tomber les parties salines ou alumineuses en efflorescence (3).

C'est pour éviter ces effets que l'on desire que les fouilles , par cavage , soient recouvertes d'une grande épaisseur , et lorsque l'on a réservé un

---

(1) C'est encore le citoyen *Guillaumot* que nous allons consulter.

(2) On les substitue utilement aux piliers tournés , ce sont des morceaux blocs ou de pierre élevés à bras , et posés à sec les uns sur les autres , et fortement comprimés entre le plafond et le sol de la carrière ; comme les matériaux sont de choix , l'on n'a point à craindre l'effet des parties tendres.

(3) Voilà pourquoi il faut éloigner les fours qui servent à cuir le plâtre ou la chaux, et même les feux de l'intérieur des carrières.

plafond ou ciel de pierre franche (1) ; plus la masse supérieure est imposante , moins l'influence extérieure se fera sentir , et en cas d'affaissement , plus il y aura d'épaisseur moins les risques seront sensibles à la surface , d'ailleurs si on se rapelle bien l'effet d'une cloche qui dégénère en fontis , on concevra que le danger ne peut exister réellement que dans le moment de cette transmutation , laquelle n'aura jamais lieu tant que les plafonds seront en bon état. Voilà pourquoi il ne faut pas donner trop d'élévation ni de largeur aux plafonds ; voilà pourquoi il faut quelquefois les soutenir par des arcs de construction , et même les voûter , en remblayant à mesure , depuis le dessus de la voûte jusqu'aux terres crayonneuses ou mouvantes restées suspendues ; voilà pourquoi enfin il faut remplir par des masses de fond , s'il existe des édifices ou des routes sous lesquelles on ait eu l'imprudence de fouiller.

(2) C'est vraiment dans cette circonstance que le travail du citoyen *Guillaumot* est admirable , ses constructions sont disposées de manière à pouvoir être

---

(1) Dans les carrières à plâtre, il faut éviter d'aller jusqu'au linois qui se délite facilement, et est susceptible de toutes sortes d'influences.

(2) Comme l'humidité des carrières varie, et que cette alternative pourrit les bois très-promptement, il ne faut jamais se servir d'étaie en bois, que jusqu'à ce qu'on ait pu faire les constructions.

visitées en tous tems , avantage inapréciable qui fait
que l'on peut toujours s'assurer de la situation in-
térieure et remédier aux dégradations (1).

D'après cet apperçu des précautions à prendre lors
des exploitations par cavage , on en conclura aisément
que si elles devenaient insuffisantes , il faudrait né-
cessairement y renoncer et exploiter à ciel ouvert ;
que , si il s'agit d'anciennes fouilles , dont l'entretien serait impossible ou trop coûteux , il faut en
opérer l'affaissement. Cette opération ne doit pas
effrayer (2) , elle peut avoir lieu sans danger , même
avec une mine , en la calculant de manière à ce
que l'effort n'agisse qu'obliquement contre les pieds
des piliers , afin de les rompre en même-tems. Et ,
si l'on redoutait cette méthode , plus prompte que
toute autre , on pourrait substituer aux piliers des
étaies en bois dont ensuite on procurerait la chûte
ou que l'on incendierait simultanément.

L'analyse rapide qui vient d'être faite prouve combien il importe à la sûreté publique , que les fouilles
faites ou à faire , soient soumises à une surveillance
continuelle et active : l'art peut bien donner des
conseils , présenter des observations , indiquer des

---

(1) Il faut lire son excellent mémoire sur les travaux
ordonnés dans les carrières sous Paris et plaines adjaçantes,
avec l'exposé des opérations faites pour leur réparation.

(2) Elle a été faite avec succès à Ménilmontant, et l'on
pourrait perfectionner cette heureuse tentative.

moyens de sûreté et en perfectionner le mécanisme ,
ce n'est même que d'après sa théorie et son expérience que le législateur peut-être éclairé , car c'est
en raison de la sûreté que présente les moyens pra-
tiques qu'il peut se relâcher des défenses générales ,
qu'il devrait maintenir sans cette garantie. Ainsi à
la législation seule appartient le droit d'imposer l'obligation de se conformer aux règles que conseille la
science , et à l'autorité active , celui d'en assurer
l'exécution.

Consultons donc maintenant les dépôts des lois ,
pour connaître ce qu'elles ont prescrit , et déterminer
ce qu'elles doivent prescrire encore.

De grandes discussions se sont élevées , lorsqu'il a
été question de poser les bases de cette partie de
la police administrative. Le droit de propriété relatif
aux mines , fut sur-tout examiné à diverses époques,
devant différentes assemblées , par des hommes également célèbres. Quelques-uns ont considéré le produit des exploitations souterraines comme devant ap-
partenir au premier occupant (1) ; d'autres comme
devant être une propriété nationale (2) ; mais les
bornes dans lesquelles ce mémoire est circonscrit ,
dispense d'entrer dans ces détails ; car , quand il
serait posssible de supposer que les mines d'une

(1) Voyez le mémoire de *Turgot,* et les opinions de *Mirabeau.*

(2) Rapport à l'assemblée nationale , par monsieur *Deparcy.*

grande étendue, et dont les produits sont d'un grand prix, devraient être exploitées par des compagnies, ou au profit du trésor public, il ne s'en suivrait pas que des matériaux dont chaque particulier a journellement besoin, soit pour édifier le réduit où il se réfugie avec sa nombreuse famille, soit pour réparer le four où il cuit son pain, soit pour répandre sur les terres qui le produisent ; devraient être tirées par des mains fiscales et privilégiées (1), ou envahies par celui qui oserait s'en emparer.

Si donc le droit de propriété doit être sacré, c'est sans doute lorsqu'il porte sur des objets qui sont pour ainsi dire de première nécessité, et qui jamais n'ont pu être comptés au nombre de ceux restés dans l'état de communauté négative : aussi le décret du 27 mars 1791 ; les a-t-il exceptés (2) ? et *Mirabeau* a donné les vrais motifs de cette exception, lorsqu'il a dit :

« Toutes les mines ne sont pas déclarées des propriétés » publiques, une très-grande partie est abandonnée aux » propriétaires du sol ; telles sont non-seulement toutes » les carrières, non-seulement les terres vitrioliques à

---

(1) Ce furent des compagnies privilégiées qui obtinrent les premiers ordres, qui en cette matière portèrent atteinte au droit de propriété. *Voyez* les conférences de *Guénois*, tome 2, l. 2, tit. 4, p. 121.

(2) Art. 2 et 5 du tit. 1, et les 2 premiers art. du tit. 2.

» l'usage de l'agriculture, mais toutes celles qui par
» leur position peuvent être facilement exploitées par
» tout le monde. Et comme l'intérêt public ne
» commande la concession d'exploitation, que parce
» que le propriétaire ne peut exploiter, il s'en suit ;
» 1°. que le propriétaire exploitant doit-être main-
» tenu, car alors l'intérêt public est rempli ; 2°. que
» le propriétaire qui veut exploiter doit être préféré,
» car c'est le propriétaire du sol qui est en quelque
» sorte débiteur envers la société, de l'exploitation de
» la mine qui est à sa portée ; 3°. qu'il est inutile de
» concéder les mines dont l'exploitation est facile,
» car l'on n'a pas besoin de provoquer ce qui est
» facile à exécuter. »

Ces principes, rendant hommage au droit de propriété, ne seront point contrariés si l'on n'impose à
celui qui possède, que l'obligation de ne pas compromettre son existence ni celle de ses concitoyens ;
pourrait-il en effet être permis à quelqu'un de détruire sa propre chose ? d'exposer ses ouvriers, ses
domestiques, d'incendier sa maison ou de s'y engloutir ? lors sur-tout que ces accidens n'auraient
pas pour bornes les limites de sa propriété.

Le vice d'exploitation a plus d'étendue encore que
tous ceux que l'on vient de citer : une simple fracture
ébranle, à une très-grande distance, les surfaces et
les édifices.

Que l'on ne vienne pas dire que la divagation des
champs est défendue ; que mal-à-propos celui qui
périt s'est trouvé sur tel ou tel point au moment de

l'enfoncement ; outre qu'il est affreux de payer de la vie une contravention à un réglement de police , il est des tems où il est permis et même nécessaire de parcourir les champs , lors du transport des fumiers , de l'enlèvement des récoltes , et des époques de la vaine pâture.

Il suffit donc que les dangers soient réels , imminens , que leur cause provienne de l'imprévoyance et de l'abus de la chose même , pour qu'il soit juste d'assujétir le propriétaire à des précautions salutaires que commandent la sûreté générale et particulière.

La principale est la surveillance.

Elle doit commencer avant l'ouverture de la carrière , continuer pendant l'exploitation , elle ne doit pas même cesser avec elle.

Examiner une carrière avant son ouverture n'est point une précaution anticipée ; instruit par cet examen , on arrêtera les entreprises de ceux qui n'étant pas propriétaires d'une assez grande surface , voudraient accroître leur jouissance au dépend de celle des voisins ; on prescrira le mode d'exploitation , on indiquera la route à tenir , et les distances à observer entre les propriétés voisines ; on s'assurera si déjà il n'y a pas de carrières ouvertes dans les environs , qui pourraient à cause des travaux trop rapprochés ou des communications trop multipliées , entraîner la chûte des masses ou occasionner d'autres accidens majeurs ; on s'opposera à ce que les fouilles soient faites trop près ou sous des chemins ; dans d'autres cas , on en fera voûter les passages , on cherchera à détourner les eaux et à diriger leur cours. On exigera enfin que l'exploitation se fasse à ciel ouvert si la nature du sol et la disposition des matières ne permettent pas d'exploiter d'une autre manière.

Ce premier acte de surveillance s'effectuera en faisant remettre à l'autorité chargée de ce détail , par quiconque voudra entreprendre l'exploitation d'une carrière ou toute autre fouille , le plan du local avec une déclaration écrite dans laquelle sera désigné le lieu de l'exploitation ; l'étendue du terrain ; s'il appartient au déclarant tant en fond qu'en superficie ainsi que de celui sous lequel il acquis simplement le droit de fretage (1).

La distance des routes , chemins et édifices ; son éloignement des eaux et leur niveau par rapport au lieu de la fouille , celui des carrières connues avec l'indication des propriétaires voisins ; si l'on entend opérer à ciel ouvert ou par cavage , la profondeur ou se trouve la masse à exploiter , la nature des matières , la largeur que l'on se propose de donner aux rues , l'épaisseur que l'on compte laisser au ciel ou plafond , et celle qui restera pour le dessous-de-pied non moins important.

Les plans et déclarations préalables auront l'avantage de guider dans le commencement des travaux et de faciliter la suite de leurs progrès en donnant le

---

(1) On appelle ainsi en certains lieux le droit de fouiller sous un champ , et d'en extraire les matières sans avoir droit à la surface ni à la propriété du fond.

moyen de reconnaître et vérifier les galeries ou rues
que l'on aurait ajoutées au premières ; à cet effet ,
chaque année à des époques déterminées , il devra
être fourni par l'exploitant des plans additionnels
comparés au terrain supérieur , tracé sur une même
échelle et en papier de retombe (1) ; par ce moyen
l'on s'assurera aisément si l'on a fouillé sous le sol
d'autrui , sous des chemins ou sous des édifices.

On a remarqué souvent que les fouilles poussées
au loin , étaient la suite de petites exploitations com-
mencées avec l'espoir d'en augmenter les produits
par des incursions sous la propriété d'autrui , sans
s'inquiéter de ce que deviendrait la surface (2) , et
d'après cette observation , il semblerait que les grandes
exploitations seraient préférables aux petites, parce qu'il
y a moins de motifs pour divaguer , et quoique l'é-
conomie fasse quelquefois négliger quelques précautions néanmoins comme l'esprit de conservation doit
être celui des grands propriétaires , il en résulte plus
de soin , d'activité et d'ordre , que lorsqu'elles sont
livrées à des mains uniquement mercenaires.

Cependant si l'on peut avoir plus de confiance en

---

(1) On doit bien sentir que cette obligation ne regarde
pas un particulier qui aurait à fouiller un double mètre de
moëlons à ciel ouvert, que dans ce cas la déclaration suffit.
Dans les grandes entreprises les sondes faciliteront l'obligation que l'on impose.

(2) Un grand nombre de domaines nationaux et particuliers, ont été ainsi la proie des carriers.

celui qui a un plus grand intérêt , on ne doit pas le dispenser de toute surveillance ; l'on a vu , plus haut (1) , les raisons puissantes qui s'opposent à la prétention de ceux qui croyent, parce qu'ils sont maîtres d'une grande surface , qu'ils peuvent en négliger la solidité ; ils peuvent seulement opérer l'affaissement de leur carrière , sans crainte de recours , c'est le seule avantage du propriétaire de fond , tandis que celui qui ne l'est pas est tenu à des réparations et à des indemnités qu'un arbitrage volontaire ou forcé doit et peut régler (2).

Ce qui n'est pas aussi facile à déterminer , c'est l'épaisseur de la masse à laisser entre deux propriétés , sur-tout lorsque chacun exploite de son côté.

Chaque propriété a un point de contact avec celle qui lui est limitrophe , que l'on reconnait aisément à la surface , et si la tranchée se fait à ciel ouvert ; le réglement de 1779 , art. 6 , y a pourvu , mais c'est imparfaitement , en ce qu'il n'exige point de talus de celui qui fouille , et qu'en l'autorisant à couper jusqu'à l'extrémité de son bornage , sauf à indemniser le voisin pour la partie des terres qui sera entraînée dans le vide de la fouille , il

---

(1) Voyez ce qui est dit pages 28 et 29.

(2) La déclaration du 20 janvier 1779, condamne ceux qui fouillent sous les fonds d'autrui sans leur consentement , en 500 livres d'amende, et en tout dommages et intérêts, qui ne peuvent être moindres que du double de la valeur du terrain.

s'en suit que le talus est au dépens du voisin, et
que l'indemnité accordée est presque toujours au-
dessous du tort qui en résulte , tandis qu'il serait
plus simple et plus juste de prendre le talus en
entier sur celui qui exploite : qu'il serait plus solide
et moins considérable , qu'en le laissant se faire par
un éboulement souvent accéléré et augmenté par les
pluies ou par d'autres causes.

Si l'on éprouve des difficultés dans une circonstance où tous les effets sont visibles , combien doit-
il s'en rencontrer en cas de fouille par cavage? car
si chacun opère jusqu'à fin d'héritage , où sera le
point d'appui ? Si au contraire chacun laisse une
portion égale de masse , qu'arrivera-t-il , si les
matières délaissées sont d'une tenacité différente (1)
sur-tout lorsque le travail se fera à l'insu l'un de
l'autre?

Cette circonstance embarrassante fera connaître mieux
que toute autre , combien le plan superficiel , celui
de l'intérieur et la coupe verticale seront nécessaires ;
car, après avoir considéré les deux terrains limitrophes séparés par une perpendiculaire , et avoir
déterminé l'épaisseur à laisser de part et d'autre
au sommet (2), on établira de chaque côté un

_____

(1) Que l'un soit borné par un banc de salle ou un lit
de glise, tandis que l'autre aurait une portion de rocher pour
limite.

(2) Ou même en partant de o, parce que de ce point à

talus proportionnel à la profondeur et à la tenacité
des matières : de cette opération , il résultera un
solide suffisant pour recevoir la poussée et porter
les terres supérieures. On fait à cette mesure deux
objections ; la première, c'est qu'elle occasionne une
perte de matière ; la seconde, que cela est bon en
supposant une solidité égale dans les terrains ; mais
que s'il y a inégalité, l'un ou l'autre pourra avoir
satisfait à l'obligation, sans pour cela avoir contribué
à la sûreté commune.

La perte de quelques matériaux ne paraît pas une
considération suffisante pour s'opposer à la mesure,
attendu que si le propriétaire croit avoir un grand
bénéfice à l'enlèvement de ces matériaux, il y suppléera
par des constructions.

A l'égard de la seconde objection, loin de prouver
contre la mesure, elle est toute en sa faveur. En
effet, si le terrain n'est pas solide, n'importe en
quelle partie, il faudra suppléer à ce défaut naturel ;
et chacun doit, en droit soi, faire la construction
ainsi que le fait le propriétaire d'un mur mitoyen,
qui est obligé de faire entièrement, à ses dépens, les
travaux qui ne profitent pas à son voisin ; or, ici ce
travail ne profite pas au voisin, car de son côté, la
masse est solide, et si l'on n'eut pas fouillé du
côté opposé, il n'aurait rien eu à redouter.

---

mesure que le talus descendra, la masse intermédiaire acquerrera de l'épaisseur ; et avant que l'on soit au bas, il en aura
une suffisante.

Ce concours de devoirs et d'obligations pour la sûreté commune amène le droit réciproque de surveillance ; ainsi, outre les visites journalières du surveillant légal , chaque propriétaire voisin doit être autorisé à requérir l'inspecteur ou même le juge de paix , afin de faire constater si l'on s'est arrêté à la distance convenable , et si on a pris les précautions de sûreté nécessaires à la conservation commune. Ces visites extraordinaires devront être aux frais de celui qui les aura provoquées s'il n'y a aucun délit, et du contrevenant s'il y en a , sans préjudice des amendes , indemnités et réparations.

L'obligation de laisser, en cas de fouille, un intervalle entre sa propriété et celle d'autrui , conduit naturellement à exiger qu'il y ait aussi une distance proportionnelle entre la fouille et les chemins.

On ne peut disconvenir que l'on a fait jusqu'à présent , un étrange abus du prétendu droit de fouiller sous tous les chemins. Les uns ont voulu que la défense de fouiller à une distance des routes et de passer sous les chemins vicinaux , ne s'entendit que des grandes routes et de celles fréquentées par les postes , les transports militaires et autres convois publics , sans y comprendre les chemins de commune à commune ; d'autres, au contraire, ont compris dans la prohibition , toutes les routes servant au public , même les plus petits sentiers pour la communication des champs entre-eux , attendu qu'un particulier qui parcourre un chemin quelconque, pour arriver à son héritage , doit être en sûreté quelqu'en soit la largeur.

Dans cette alternative il faut admettre ce qui con-
tribue le plus à la sûreté ; ainsi, aucun entre-
preneur ne doit pouvoir fouiller sous les routes,
chemins et sentes servant à l'usage du public, quelle-
que soit leur largeur ; ils devront même être assujétis
à ne fouiller dans leur voisinage, qu'à 10 mètres de
la ligne du chemin prolongeant ensuite la diagonale,
selon le talus réglé, comme il a été dit en parlant
des propriétés limitrophes (1) ; néanmoins, comme
il est des circonstances où il est nécessaire de tra-
verser le dessous des chemins, lorsqu'il s'agit, par
exemple, de communiquer d'une exploitation à une
autre, il faut laisser à la prudence administrative,
éclairée par les agens d'inspection et la connaissance
du plus ou moins d'utilité des chemins, à prononcer
sur l'admission ou le rejet de ces exceptions ; mais
en cas d'autorisation, ces traverses doivent être soi-
gneusement voûtées.

Cette obligation de voûter, de faire des piliers, ou
de remplir, doit être également exigée de ceux dont
l'exploitation est ancienne comme de ceux qui voudraient exploiter à l'avenir, toutefois si le mauvais

_____

(1) Cette obligation est dans le cas d'exploitation par
cavage, mais lorsqu'elle a lieu à ciel ouvert, la distance
doit être telle qu'un cheval qui s'emporte, ne puisse s'y précipiter. On ne doit pas non plus entendre par sente la trace
momentanée de quelques hommes qui auront traversé sur
une même ligne, il faut que la sente soit perpétuelle et auto-
risée par titre ou par un long usage.

état des carrières ne permet plus d'entretenir , de pratiquer des piliers et encore moins d'établir des arcs ou des voûtes ; alors aucune considération ne doit empêcher de faire faire le renversement du ter-rain et de le combler dans les lieux où il sera né-cessaire.

L'on ne doit plus douter maintenant de l'utilité des plans , des déclarations préalables , et des décla-rations successives au fur et mesure de l'accroissement des travaux souterrains dont ils établiront le rapport avec la superficie.

C'est encore à l'aide de ces plans que l'on recon-naîtra les précautions qu'il faudra prendre lors de la cessation des fouilles , dont l'autorité publique devra être également avertie , afin de faire examiner si les travaux faits sont suffisans pour garantir de tous accidens et maintenant et dans la suite ; comme aussi , afin de prendre des mesures pour que , sous prétexte de fouille dans les terrains environnans , on ne vienne pas détruire ce qui a été fait pour la sûreté commune.

La surveillance et la vérification de tous ces détails seront promptes et faciles ; l'une et l'autre se lient aux fonctions administratives des préfectures , et aux travaux dont sont chargés les ingénieurs et sous-ingénieurs des ponts et chaussées. Ces artistes , obligés de connaître la qualité et la quantité des matériaux existans dans chaque arrondissement , en tireront un moyen d'accroître leurs connaissances , desquelles dépend la solidité des travaux de toute nature , dont ils sont chargés ; eux

seuls peuvent avoir presque par tout des aides actifs
et intelligens : des élèves de cette école si bien orga-
nisée , qui a fourni tant d'hommes célèbres , pourront
encore venir les seconder lorsqu'il surviendra quelque
travail extraordinaire ; et dans les circonstances moins
importantes , les conducteurs des routes leur rendront
un compte journalier.

Il est vrai que dans quelques lieux , comme à Paris,
où la multiciplicité des fouilles et le grand nombre
des édifices construits sur des carrières , exigent un
travail plus considérable et plus assidu , il convient
de conserver un inspecteur général; mais ce n'est point
une nouveauté que l'on propose , et celui qui est re-
vêtu de cet emploi prouve , par la confiance méritée
dont il jouit , mieux que tous les raisonnemens , de
quelle importance sont ses fonctions. Néanmoins la nécessité de créer ainsi un inspecteur extraordinaire sera
rare ; peut-être même dans les lieux où déjà des mines
sont en exploitation pour d'autres matières , pourra-t-on
confier la surveillance des carrières de l'arrondissement à celui qui serait chargé par le Gouvernement
de l'inspection de la mine ; il en résulterait le double
avantage d'avoir quelqu'un habitué à ce genre de travail , et qui serait à portée de vérifier , lors des nouvelles fouilles , si des filons de minéral ne se présentent
pas dans une nouvelle direction.

Au surplus , que les dépenses à faire pour assurer
la vie des citoyens n''arrêtent pas , elles ne peuvent
être considérables , et le trésor public n'a pas à en
supporter la totalité.

La surveillance, comme on l'a vu, peut être confiée
à des fonctionnaires déjà salariés, et avec une légère
augmentation on les indemnisera des frais que ce nou-
veau service pourrait leur occasionner. D'ailleurs pourquoi, lors des contraventions, les frais de visite et de
procès-verbaux ne seraient-ils pas aux dépens des con-
trevenans ? faudra-t-il toujours que le bon citoyen
ajoute aux charges communes celles relatives à la faute
de ceux qui sont moins attentifs que lui ? Resteraient
donc les dépenses de construction. Elles seront relatives à d'anciennes carrières, ou à des nouvelles ; elles
contribueront à la sûreté particulière, ou à la sûreté
publique.

S'il est question d'anciennes carrières, dont les exploitans, ou leurs représentans, sont inconnus, on ne
pourra plus recourir contre eux ; si dans ce cas il est
nécessaire d'assurer le passage des routes, il n'y a pas
de doute que le trésor public doit subvenir à ces frais :
il semble naturel alors que le droit de passe en fournisse
les fonds, puisqu'il est spécialement affecté à l'entretien des routes ; or, cet entretien comprend la solidité
du sol comme la réparation du pavé.

S'il s'agit d'un édifice public, alors les fonds destinés à l'entretien de cet édifice doivent d'abord être
employés à consolider sa base.

Mais si ces réparations contribuent seulement à la
sûreté d'une habitation particulière, il n'y a pas de
doute que le propriétaire particulier doit être con-
traint à cette réparation, comme il l'est pour un pi-
gnon qui menace d'une chute prochaine ; et faute par

lui de satisfaire à cette obligation, elle doit être remplie par les agens du Gouvernement, dont la dépense doit être remboursée par le particulier, sinon sur la valeur de l'objet à la conservation duquel la réparation a contribué.

Mais si tous ces travaux sont relatifs à des carrières à ouvrir, ou à des carrières ouvertes, dont les exploitans ou leurs représentans existent, ce sont eux qui doivent être contraints, car ce sont eux, ou leurs auteurs, qui ont tiré le profit de l'exploitation, et mis l'objet en péril.

Quelque soit enfin l'agent chargé par le Gouvernement de cette importante surveillance, ses soins doivent aussi être utiles à la science, et l'école des mines deviendra, à cet égard, le centre de leur correspondance; ils lui communiqueront leurs procédés, leurs découvertes, et à ce moyen on aura promptement une histoire exacte de la minéralogie de la République.

En parcourant les réglemens faits jusqu'à ce jour, on ne voit pas que l'on ait considéré l'exploitation des carrières sous un point de vue aussi général, cependant c'est le seul moyen de faire et de rendre un règlement utile ; c'est faute d'avoir saisi l'ensemble que l'on a presque par tout éludé ceux qui ont été provoqués par des circonstances particulières, et dont les articles sont épars dans divers arrêts du Conseil ou édits, dont l'exécution n'a jamais été rigoureusement suivie : on pourrait même dire qu'elle ne l'a point été du tout, si ce n'est dans la banlieue de Paris, encore a-t-il fallu y modifier la défense d'exploiter par cavage.

Les édits et règlemens avant 1601 ne contiennent guère que des concessions de privilèges ; celui de 1601 (1), en créant un grand maître et super-intendant des mines, excepte de leur jurisdiction, *les carrières à ardoises, plâtres, craies et autres sortes de pierres pour bâtimens et meúles de moulin.* Ainsi la distraction de ces objets des autres mines n'est pas nouvelle, et s'en occuper séparément, c'est suivre un usage constant, confirmé par les réglemens, et notamment par la loi, déjà citée, du 27 mars 1791.

La législation parut ensuite être long-tems négligée ; un arrêt du conseil, du 14 mars 1741, en répétant les dispositions d'un autre arrêt, du 3 mai 1720, devint à-peu-près la seule règle. Il était spécialement relatif à la conservation des grandes routes ; il défendait *d'ouvrir une carrière plus près de trente toises, lorsqu'il y aura des arbres le long des routes ; et trentedeux, lorsqu'il n'y en aura point.*

Diverses ordonnances du bureau des Finances attirèrent de loin en loin, l'attention sur cette partie. Mais ce ne fut guère qu'en 1776 et 1777 qu'on s'en occupa avec quelque suite ; alors même des conflits entre la police, les trésoriers de France, les bâtimens et les attributions particulières du Conseil firent éprouver des retards, pendant lesquels divers accidens se renouvelèrent (2). Les déclarations des 5 septembre

(1) Vérifié au parlement et à la chambre des comptes, en 1603.

(2) Des accidens affreux arrivés dans la rue d'enfer, à

1778, janvier 1779 et mars 1780, en confiant au lieu-
tenant de police et au citoyen *Guillaumot* la surveillance de cette partie, apportèrent enfin un remède aux
funestes effets de l'insouciance des tems précédens ; mais
ce remède n'était encore que pour la banlieue de Paris, le
reste de la France était oublié, ce remède même n'était
qu'un palliatif ; comme jusqu'alors on ne s'était presque
point occupé des travaux des carrières, la théorie était
peu avancée, et l'expérience n'avait point réuni assez de
moyens-pratiques pour y suppléer sur-le-champ (1) ;
et l'Assemblée Nationale, en renvoyant par la loi de
1791 aux règlemens que l'on vient de citer, ne connut
pas leur insuffisance, ce ne fut qu'en l'an III que l'on
commença à s'en appercevoir. Alors il n'y avait qu'un
genre d'autorité qui put sans risque en imposer aux
atteintes multipliées que l'on portait aux propriétés.
Le comité de Salut Public, sur le rapport de la Com-
mission des Travaux, fit un règlement en douze articles.

Ainsi une des parties les plus importantes à la sûreté des citoyens, et à la conservation des propriétés,

---

Mesnil-Montant, et dans d'autres endroits, effrayèrent les
esprits et réveillèrent l'attention.

(1) Dans cette situation, on ne saurait trop reconnaître
le zèle du citoyen *Guillaumot*, qui a créé, aux risques de sa
vie, une méthode sûre dans ces travaux ; voyez le rapport des
commissaires qui les ont vérifié, parmi lesquels se trouve
le célébre *Perronet*.

est régie par des édits et arrêts du Conseil , dont la
désuétude est étayée par des arrêtés d'un pouvoir qui
n'existe plus.

Dans cet état des choses , il est essentiel que le Gouvernement se hâte de donner à cette partie de la législation , la force et la dignité dont elle a besoin. Je
m'estimerai heureux si ces réflexions peuvent appeller
son attention , et en être dignes.

Pour résumer , d'une manière plus simple et plus
claire , les principes répandus dans ce mémoire , et éviter
la peine de les y rechercher , ils vont être réduits à leurs
simples termes :

1.

Aucunes carrières , fouilles ou excavations ne pourront , à l'avenir , être ouvertes pour l'extraction des
pierres , moëlons , plâtre , chaux , craies , argiles ,
marnes , sables et autres matériaux , sans l'autorisation
du Préfet de chaque département. Pourront toutefois
s'effectuer , avec la permission du Maire , celles qui
n'ayant pas plus de vingt mètres de surface sur
trois de profondeur se feront à ciel ouvert , à la
charge d'en instruire le Préfet du département , et
d'observer les précautions indiquées pour celles plus
étendues.

2.

Quiconque voudra obtenir cette autorisation , dépo-
sera au secrétariat de la préfecture , le plan du terrain
avec désignation de son étendue , et du point où il se

propose de faire fouiller ; il déclarera en outre si la totalité lui appartient en fond et en superficie, ou si simplement il a acquis le droit de fretage. Il fera connaître sa distance des carrières déjà en exploitation, celles des routes, chemins, édifices, des eaux courantes ou stagnantes, leur niveau par rapport au lieu de la fouille ; la nature des matières à extraire, et la profondeur présumée de la masse, ainsi que celles des diverses couches qu'il faudra percer pour y parvenir. Il indiquera ses moyens d'extraction, s'il entend opérer à ciel ouvert ou par cavage, quelle dimension il donnera aux pentes, aux puits, aux bouches, aux rues ou galeries, quelle épaisseur il laissera aux plafonds et au dessous de pied.

3.

Cette déclaration sera communiquée au Maire ou à l'Adjoint de la commune, et vérifiée en présence de l'un d'eux, par les préposés à l'inspection des carrières, et la permission ne sera accordée que sur le vû du procès-verbal et du rapport qui constatera que l'exploitation peut être entreprise sans compromettre la sûreté publique et particulière, et la minute en sera consignée sur un registre, par ordre de date et de numéro.

4.

A moins qu'il ne soit créé des inspecteurs particuliers pour un arrondissement où cette création aurait été reconnue nécessaire, comme à Paris ; seront considérés comme inspecteurs-nés des carrières, les ingénieurs et sous-ingénieurs des ponts et chaussées, qui pourront se faire aider par les employés qui sont ou seront sous leurs ordres.

5.

Le duplicata de chaque autorisation accordée par le Préfet, sera adressé au Maire de la commune du lieu de l'exploitation, qui le fera inscrire sur un registre, par ordre de date et de numéro.

6.

Chaque propriétaire ou exploitant sera tenu de placer, en lieu apparent, à l'ouverture de la carrière, soit que l'exploitation ait lieu par puits ou galerie ou à ciel ouvert, son nom, et le numéro sous lequel sa permission est inscrite à la préfecture et à l'administration municipale.

7.

A mesure que les fouilles accroîtront, les propriétaires ou exploitans seront tenus de les faire connaître aux inspecteurs des travaux, et chaque année ils déposeront à la préfecture le plan des augmentations et galeries ajoutées; en rapport avec le plan superficiel.

8.

Tout propriétaire ou exploitant de carrières ou autres fouilles, actuellement en activité, seront tenus, dans

les trois mois qui suivront la publication de la loi ,
de faire les déclarations prescrites par les articles précédens , et de se conformer aux autres dispositions des
règlemens.

9.

Tout propriétaire de carrière ou fouille abandonnée ,
sera tenu , dans le même délai , de déclarer à la préfecture la situation de la carrière ou fouille abandonnée , et combien il y a de tems que l'exploitation
a cessé ; le Préfet , sur cette déclaration , fera vérifier
si l'on peut sans danger laisser subsister l'excavation.

10.

Toute carrière ou excavation dont l'état actuel
présenterait des dangers et auxquels on ne pourrait
opposer des précautions suffisantes , sera interdite et
condamnée , sans égard aux matières qu'on pourrait
encore en tirer ; et les décisions ou arrêtés du Préfet
intervenus sur les procès-verbaux des agens d'inspection , faits en présence du Maire , ou son Adjoint , et des
parties , ou elles duement appellées , seront , à l'instant
de la notification , exécutés , à peine de telle amende
ou autre condamnation qu'il appartiendra , et en outre
sous la responsabilité et garantie de tous évènemens
ou accidens.

11.

Il sera pris de suite des mesures pour l'affaissement
ou le comblement des carrières et excavations dési-
gnées dans l'article précédent ; il se fera aux frais des ex-

ploitans ou leurs représentans , et les avances qui pourront être faites à cet effet par le trésor public seront remboursées par eux , si mieux n'aiment , dans le cas où ils seraient propriétaires , abandonner la propriété ; et le terrain sera vendu après l'enfoncement , comme domaine national ; s'ils ne sont pas propriétaires , et qu'ils ayent excavé sous la propriété d'autrui , ils seront tenus à toutes les indemnités de droit , dont leurs biens seront responsables par privilège.

12.

Si l'exploitation est tellement ancienne que l'époque en soit inconnue , il y sera pourvu par le trésor public , et cette dépense fera partie de celles imprévues pour les travaux publics.

13.

Il est enjoint à tous notaires de donner connaissance au Préfet du département de tous actes de vente en superficie qui réserveront de la part des vendeurs, le droit d'user ou de disposer du terrain inférieur , à l'effet d'y faire aucune fouille ou excavation, ou de jouir de celles déjà faites.

Et réciproquement tous actes qui aliéneraient le dessous , avec réserve du dessus , afin , par le Préfet d'en donner connaissance aux préposés à l'inspection , et de faire veiller à la sûreté. (1)

(1) La déclaration du 29 septembre 1778 défendait aux notaires de passer ces actes. C'était trop sévère.

14.

Il est défendu à tous propriétaires, dont les enclos ou édifices reposent sur des carrières déjà fouillées, de faire aucune ouverture dans lesdits souterrains pour tirer de la pierre, moëllon ou autre matière (1).

15.

Il ne pourra être ouvert aucune carrière dans l'intérieur des villes , et aucune fouille ne pourra être faite plus près que de cent mètres.

16.

Les carrières actuellement ouvertes dans la distance ci-dessus déterminée , ainsi que celles qui servent de cave ou d'habitation seront incessamment visitées , et toutes les précautions nécessaires seront prises pour éviter les accidens.

17.

Tous entrepreneurs de bâtimens, ou autres ouvriers , qui construiraient ou répareraient aucuns édifices , seront tenus d'avertir le Maire de la commune, et les préposés à l'inspection des carrières; si en faisant lesdites constructions ou réparations ils découvraient des excavations souterraines, ou le ciel de quelque carrière, ou quelque pilier de masse, laissé pour la sûreté , ce qu'ils seront tenus d'observer exactement, notam-

_____

(1) Arrêt du Conseil du 19 septembre 1778.

ment lors de la fouille des puits à construire ou à
réparer, le tout à peine d'amende, perte, dépens,
et dommages et intérêts (1).

18.

Les propriétaires ou entrepreneurs qui feront l'extraction par un trou de service descendant, seront
tenus de le revêtir en mâçonnerie, construite sur un
rouet de charpente, descendu jusque sur le terrain
solide, ainsi qu'il est d'usage pour les puits ordinaires.
Tous les trous de service des carrières actuellement
en exploitation, seront également revêtus, ou leur
maçonnerie prolongée jusqu'au terrain reconnu solide.
S'il y a revêtemens en bois, ce ne pourra être que
provisoirement et jusqu'à la construction.

Le tout sous peine de comblement des trous de service, et interdiction de l'exploitation, et autres peines
qu'il appartiendra.

19.

Durant l'interruption et suspension, même momentanée, de l'exploitation d'une carrière, le trou de service sera couvert par des madriers suffisans, et arrêtés
de manière à ce qu'il ne puisse arriver aucun accident
par ce trou ; les entrepreneurs seront tenus d'y veiller,
comme aussi de souffrir et faciliter toute descente et

(1) Déclaration du 29 septembre 1778.

visite qui sera jugée nécessaire , les ingénieurs et autres agens d'inspection sont autorisés à requérir main-forte auprès des autorités constituées , pour faire intimer les ordres et les mesures convenables en cas de refus.

20.

Nul ne pourra cesser l'exploitation d'une carrière , combler et fermer les trous de service , ni enlever les roues et échelles nécessaires pour y descendre , qu'après la visite préalable des préposés à l'inspection , qui feront rapport au Préfet , de l'état où ils auront trouvé la carrière : s'il est constaté que l'exploitation est bien faite , qu'il n'y a aucun danger , et que la fermeture peut avoir lieu sans inconvénient , le Préfet autorisera la fermeture , et fera noter cette autorisation en marge de la permission accordée. Il en sera également fait mention sur le registre de la commune: sinon le Préfet prescrira les mesures de sûreté qui seront jugées convenables , lesquelles seront prises avant la clôture définitive.

21.

L'exploitation par cavage ne pourra être poussée qu'à la distance de dix mètres des deux côtés des chemins , édifices et constructions quelconques ; mais les trous de service , bouches et ouvertures ne pourront être pratiqués qu'à vingt mètres de distance de ces chemins et constructions.

Si quelques circonstances particulières nécessitaient une ouverture plus rapprochée , elle ne pourra avoir

lieu qu'en vertu d'une permission spéciale, qui prescrira les précautions ultérieures, telles que portes, bar-
rières, ou autres moyens préservatifs.

22.

Aux approches des acqueducs construits en maçonnerie, ou des rigoles et pierrées, les fouilles ne pourront
être poussées qu'à dix mètres de chaque côté de la clef
de la voûte, ou du milieu de la rigole et pierrée ; et aux
approches des simples conduites en plomb ou en fer, on
ne pourra pousser la fouille qu'à quatre mètres de distance de chaque côté.

23.

Les exploitans seront tenus de se conformer, à cet
égard, aux indications qui pourront leur être données
par les préposés à l'inspection, sans toutefois qu'ils
puissent se dispenser de l'observation des articles précédens, sous prétexte que l'indication ne leur aurait
pas été donnée.

24.

Dans le cas où l'exploitation aurait lieu à côté d'un
terrain dont l'exploitant ne serait pas propriétaire, il
sera laissé à la surface un mètre de distance, puis on
s'écartera dans le travail paralèllement à la ligne diagonale qui partira du sommet de celle qui divise la
mitoyenneté. Si le propriétaire du terrain voisin exploite
aussi de son côté, il sera tenu à la même retraite ; et
dans le cas où l'un ou l'autre terrain ne serait pas

suffisamment solide, il y sera substitué par le propriétaire
du côté faible, et à ses frais, dans la direction de cette
diagonale, mur, pilier, hague ou bourage, pour rem-
placer la masse solide qu'il aurait dû laisser.

25.

Lorsque l'exploitation se fera à découvert, on obser-
vera de couper les terres en retraite par banquette
avec talus suffisans pour empêcher l'éboulement des
terres ; et lorsque la tranchée aura lieu à l'approche
des chemins, édifices, acqueducs, etc., il sera laissé,
outre la distance prescrite des chemins, édifices, acqueducs et rigoles, un mètre pour mètre de l'épaisseur
des terres, au-dessus de la masse exploitée, ensorte
qu'une exploitation faite dans un terrain où la masse
se trouverait à une profondeur de six ou huit mètres
au-dessous du sol, il ne pourra être fouillé dans la
masse qu'à seize ou dix-huit mètres des chemins et
édifices étant à la surface.

26.

Les carrières à pierre, à moëlon ou autres, ne pourront être exploitées sur piliers *tournés*; elles le seront
sur piliers à bras, avec bourage et hagues, et sur deux
mètres de hauteur; et la largeur des galeries ne pourra
être de plus d'un mètre et demi.

Cependant lorsque la carrière sera composée de
grandes masses, propres à être exploitées comme pierres
de taille, alors les galeries pourront être élargies, et
la dimension en sera déterminée par les inspecteurs

des carrières , mais elles ne pourront jamais excéder quatre mètres , réduits à deux au plafond , sur trois de hauteur.

27.

Jamais il ne sera souffert que l'on exploite les carrières jusqu'à l'épuisement total du plafond , mais il sera toujours laissé une masse de pierre supérieure et suffisante pour supporter les terres et autres matières qui couvrent les carrières ; il sera également laissé une masse , ou dessous de pied , suffisante pour que les piliers reposent sur le solide.

28.

Les carrières à plâtre ne pourront être exploitées par cavage , ou autrement, que de la même manière que les carrières à pierre ou à moëlon ; cependant lorsque la masse des carrières à plâtre sera jugée solide , et qu'elle devra être exploitée avec chevaux et voitures , alors les carrières pourront être percées par galeries de six mètres de large sur quatre mètres de hauteur , à la charge de couper les côtés latéraux de manière que le plafond n'ait pas plus de trois mètres de largeur. Il sera en outre fait dans les lieux qui seront jugés nécessaires, des arcs , des voûtes , même avec arc doubleau , en pierre meulière ou autre de bonne qualité.

29.

S'il se découvre des eaux , lors de la fouille d'une carrière , elles seront épuisées ou dirigées de manière à ce qu'elles ne puissent occasionner la destruction des travaux , ni nuire aux propriétés voisines ; celles de la superficie seront également détournées de manière à ce qu'elles ne pénètrent point dans l'intérieur.

3o.

Les indemnités que les propriétaires voisins des carrières auront à réclamer à raison des fouilles faites sous leur propriété , ou par suite de celles faites dans les parties adjacentes , seront fixées par mètre carré , à raison de la valeur du terrain , et prononcées par les tribunaux ordinaires. (1)

31.

Il est expressément défendu de construire des fours dans l'intérieur des carrières , et notamment dans celles à chaux et à plâtre , même d'y faire du feu à nud. Les fours qui pourraient être construits seront démolis et détruits dans la huitaine , et toute contravention au présent sera en outre punie d'une amende de. . . . (2).

32.

Toutes les dispositions ci-dessus seront applicables aux fouilles des craies , marnes , argiles , glaises et sables ; les agens d'inspection les indiqueront suivant

(1) Déclaration du 17 mars 1780,

(2) Arrêt du Conseil du 19 décembre 1778.

les circonstances, et ils veilleront spécialement à ce que les fouilles soient comblées immédiatement après l'extraction.

33.

Chacune des contraventions sera poursuivie par voie de police municipale, et punie d'une amende qui ne pourra être moindre de trois francs ni excéder trois cents, sans préjudice des indemnités et dommages, intérêts et autres réparations civiles envers qui il appartiendra.

34.

Chaque année, il sera envoyé, par chaque département, au ministre de l'intérieur et à l'École des Mines, un tableau contenant le nombre des carrières et fouilles ouvertes, reprises ou délaissées pendant le cours de l'année, avec la description détaillée des matériaux qu'elles produisent, des observations que l'on a pu faire sur la nature des couches, des matières qui se sont rencontrées dans la fouille, et les ressources que le département peut offrir en ce genre ;

La manière dont elles ont été exploitées ; les précautions prises pour que la sûreté publique ne soit point compromise par des éboulemens ou affaissemens ;

Et quelles sont les dépenses faites pour cette partie, soit à raison des réparations, des encouragemens et des indemnités, s'il y en a eu aucune à la charge du trésor public.

35.

Il sera pourvu à ces dépenses sur les fonds destinés à celles imprévues relatives aux travaux publics , et une portion du droit de passe sera affectée à cet effet , en ce qui sera relatif aux routes, acqueducs , rigoles, etc. destinés au service public.

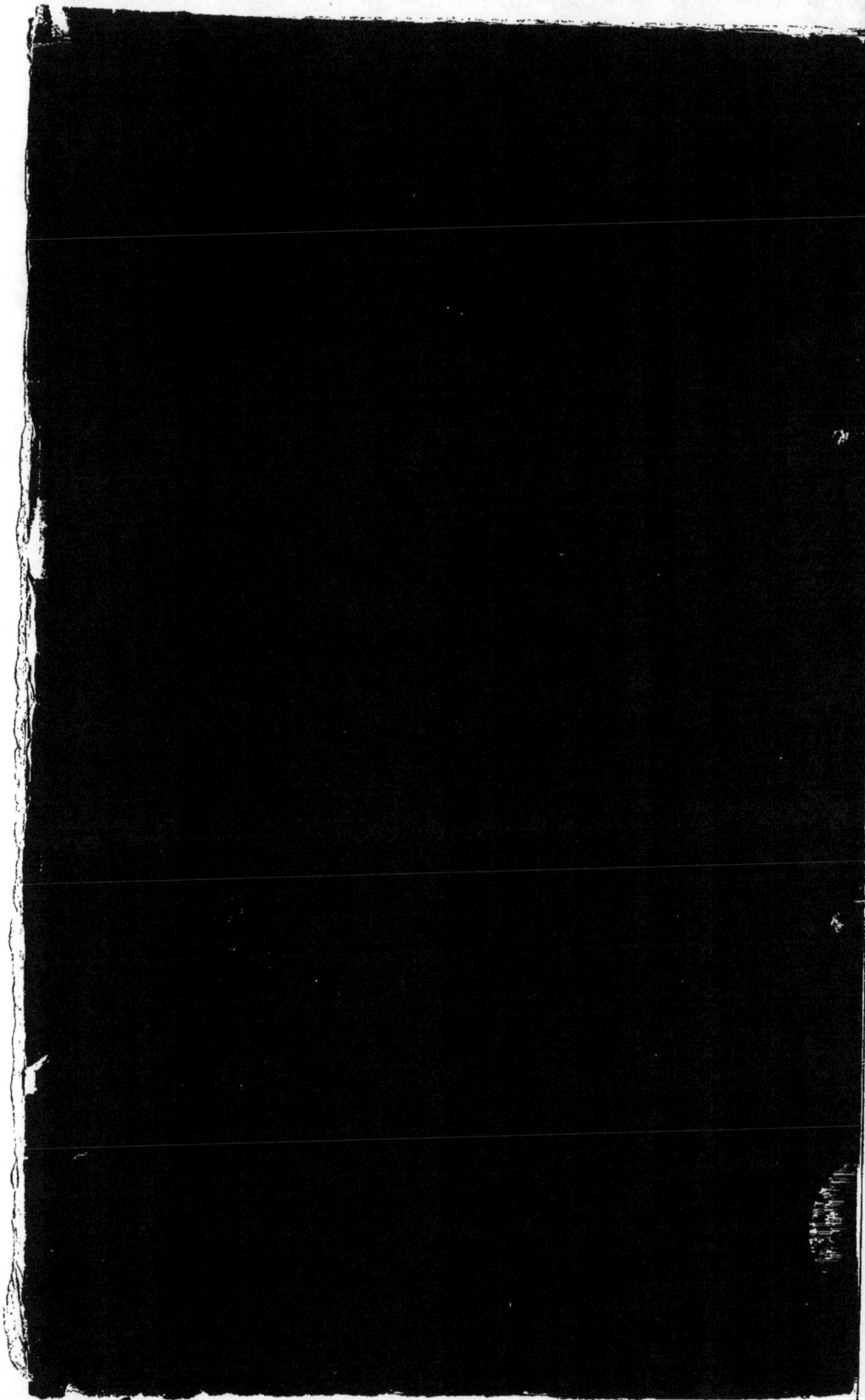

www.ingramcontent.com/pod-product-compliance
Lightning Source LLC
Chambersburg PA
CBHW050533210326
41520CB00012B/2550